Mounika Gorle
Diwakar Reddy

Mapeamento do fluxo de valor numa empresa de produção alimentar local

Mounika Gorle
Diwakar Reddy

Mapeamento do fluxo de valor numa empresa de produção alimentar local

Otimização estratégica com Lean Manufacturing

ScienciaScripts

Imprint

Any brand names and product names mentioned in this book are subject to trademark, brand or patent protection and are trademarks or registered trademarks of their respective holders. The use of brand names, product names, common names, trade names, product descriptions etc. even without a particular marking in this work is in no way to be construed to mean that such names may be regarded as unrestricted in respect of trademark and brand protection legislation and could thus be used by anyone.

Cover image: www.ingimage.com

This book is a translation from the original published under ISBN 978-620-7-81036-9.

Publisher:
Sciencia Scripts
is a trademark of
Dodo Books Indian Ocean Ltd. and OmniScriptum S.R.L publishing group

120 High Road, East Finchley, London, N2 9ED, United Kingdom
Str. Armeneasca 28/1, office 1, Chisinau MD-2012, Republic of Moldova, Europe
Printed at: see last page
ISBN: 978-620-8-03115-2

DEPARTAMENTO DE ENGENHARIA MECÂNICA

FACULDADE DE ENGENHARIA DA UNIVERSIDADE SRI VENKATESWARA

TIRUPATI- 517502

CERTIFICADO

Certifica-se que a dissertação de mestrado intitulada **"OTIMIZAÇÃO ESTRATÉGICA: GESTÃO LEAN E MAPEAMENTO DA ESTRATÉGIA DE VALOR NA PRODUÇÃO ALIMENTAR LOCAL FIRM"** *é um trabalho genuíno, realizado pela* **Sra. MOUNIKA GORLE [Reg No: 1121509]** *em cumprimento parcial dos requisitos para a obtenção do grau de* **MESTRE** *EM* **TECNOLOGIA** *com especialização em* **ENGENHARIA INDUSTRIAL** *durante o ano académico de 2021-2023.*

Guia

&

Chefe de Departamento

Dr. V. DIWAKAR REDDY

Professor e Diretor do Departamento,

Departamento de Engenharia Mecânica,

Faculdade de Engenharia da SVU,

Tirupati - 517502.

DECLARAÇÃO

"Eu, **MOUNIKA GORLE**", declaro que a presente tese de mestrado intitulada "**ESTRATÉGIA**

OPTIMIZATION: LEAN MANAGEMENT AND VALUE STREAM MAPPING IN LOCAL FOOD PRODUCTION FIRM" apresentado ao Department of Mechanical Engineering, Sri Venkateswara University College of Engineering, Sri Venkateswara University, Tirupati em cumprimento parcial dos requisitos para a obtenção do grau de Mestre em Tecnologia. Declaro que o trabalho foi efectuado por mim de forma independente, sob a orientação de

do **Dr. V. DIWAKAR REDDY** Professor, Chefe do Departamento, Sri Venkateswara Universidade, Tirupati, Índia.

Local: Tirupati **MOUNIKA** GORLE

Data: **Reg. N.º [1121509]**

AVISO DE RECEPÇÃO

A satisfação e a euforia que acompanham a conclusão bem sucedida de qualquer tarefa estariam incompletas sem a menção das pessoas que a tornaram possível, cuja orientação e encorajamento constantes coroaram de êxito os nossos esforços.

O facto de ter a oportunidade de expressar a minha gratidão a todos eles é um aspeto agradável. Em primeiro lugar, gostaria de exprimir a minha sincera gratidão ao meu supervisor e orientador, **Dr. V. DIWAKAR REDDY**, Professor, Diretor do Departamento de Engenharia Mecânica da Faculdade de Engenharia da Universidade Sri Venkateswara, Tirupati, que me apoiou para o êxito deste projeto principal.

Os meus sinceros agradecimentos ao **Dr. R.V.S. SATYANARAYANA,** Professor e Diretor da faculdade, Sri Venkateswara University College of Engineering, Tirupati, que me apoiou na realização deste trabalho.

Os meus agradecimentos especiais a todos os membros do corpo docente do departamento de Engenharia Mecânica, SVUCE, Tirupati, pela sua amável cooperação para que este trabalho de tese fosse um sucesso.

MOUNIKA GORLE

Reg. N.º [1121509]

RESUMO

As indústrias alimentares de pequena escala são de mão de obra intensiva e exigem muito tempo. Sendo um elemento essencial da cadeia de abastecimento alimentar, desempenham um papel significativo na economia local. Porque fornecem produtos especializados a mercados onde a superioridade operacional é vital. O objetivo deste projeto é melhorar a eficiência total da empresa, reconhecendo e eliminando várias fontes de desperdício em termos de tempo de processo. A poli-secagem solar é uma nova técnica de secagem introduzida neste trabalho. A principal desvantagem do método tradicional de secagem é o facto de demorar muito tempo a secar o produto. A necessidade de modificação da secagem proporciona à empresa um preço de mercado competitivo para os produtos. A prática Lean é um método popular para reduzir os desperdícios e os custos. Como técnica lean, o mapeamento do fluxo de valor é utilizado para mostrar o material, os fluxos de informação e o tempo total necessário para os processos. Estes processos são ainda classificados como de valor acrescentado, que contribuem diretamente para o valor do produto final, e de valor não acrescentado, que são necessários para a sua conclusão mas não contribuem diretamente para o valor do serviço. De acordo com os resultados desta investigação, o mapeamento do fluxo de valor é uma técnica Lean eficaz para identificar áreas de melhoria, e a melhoria da disposição contribuiu para alcançar a eficiência global e a implementação da técnica de secagem solar resultou na redução do tempo de espera.

LISTA DE CONTEÚDOS

CAPÍTULO 1
INTRODUÇÃO

1.1 LEAN MANUFACTURING

O Lean Thinking é uma abordagem que visa eliminar todos os desperdícios (gorduras) que sobrecarregam o sistema. A definição popular de Lean Manufacturing consiste geralmente no seguinte:

O   Trata-se de um conjunto abrangente de técnicas que, quando combinadas, permitem reduzir e eliminar os desperdícios. Isto tornará a empresa mais enxuta, mais flexível e mais reactiva, reduzindo os desperdícios.

O   Lean é a abordagem sistemática para identificar e eliminar o desperdício através da melhoria contínua, fazendo fluir o produto ou serviço à medida do seu cliente, em busca da perfeição.

Para muitas pessoas, a expressão "lean manufacturing" é sinónimo de "eliminação de desperdícios". A eliminação de desperdícios é certamente um elemento-chave de qualquer prática "lean". Mas o objetivo final da prática do Lean Manufacturing não é simplesmente eliminar o desperdício, mas sim fornecer valor ao cliente de forma sustentável. Muitos dos conceitos do Lean Manufacturing têm origem no Sistema de Produção da Toyota (TPS) e foram implementados gradualmente em todas as operações da Toyota a partir da década de 1950.

O TPS é um sistema de fabrico que visa aumentar a eficiência da produção através da eliminação de desperdícios. O TPS foi inventado e posto a funcionar por Taiichi Ohno. Ao analisar os problemas no ambiente de fabrico, Ohno chegou à conclusão de que os diferentes tipos de desperdícios (trabalhos sem valor acrescentado) são a principal causa da ineficiência e da baixa produtividade.

Fig 1.1: Sistema Toyota de Produção

Não existem fontes no documento atual. A casa TPS foi construída por dois

pilares, o pilar Just-In-Time (JIT) e o pilar JIDOCA (automação com toque humano), cada elemento desta casa é fundamental, mas mais importante é a forma como os elementos se reforçam mutuamente. Na década de 1980, a Toyota tornou-se cada vez mais conhecida pela eficácia com que implementou os sistemas de fabrico Just-In-Time (JIT). O Lean Manufacturing está a tornar-se um tópico cada vez mais importante para as empresas de produção nos países desenvolvidos, à medida que estas tentam encontrar formas de competir mais eficazmente contra a concorrência.

1.2 PRINCÍPIOS DO PENSAMENTO ENXUTO

Lean manufacturing ou lean production são termos razoavelmente novos que podem ser inventados

para Jim Womack, Daniel Jones e Daniel Roos no seu livro, The Machine that changed the world [1991]. No livro, os autores examinaram as actividades de fabrico exemplificadas pelo Sistema de Produção da Toyota. A produção enxuta é a eliminação sistemática de desperdícios. Uma outra forma de olhar para o Lean Manufacturing é que ele visa alcançar o mesmo resultado

com menos recursos - menos tempo, menos espaço, menos esforço humano, menos maquinaria, menos material, menos custos.

a)   **Valor**: É identificado na perspetiva do cliente e diz respeito ao montante que este está disposto a pagar pelos produtos/serviços. Este valor é então criado pelo fabricante ou pelo prestador de serviços, que deve procurar eliminar os desperdícios e os custos para satisfazer o preço ótimo do cliente, maximizando simultaneamente os lucros.

b)   **Mapear o fluxo de valor:** Este princípio envolve a análise dos materiais e outros recursos necessários para produzir um produto/serviço, com o objetivo de identificar desperdícios e melhorias. Inclui todo o ciclo de vida do produto, desde as matérias-primas até à eliminação (tudo o que não acrescenta valor deve ser eliminado).

c)   **Criar fluxo:** eliminar as barreiras funcionais e identificar formas de melhorar o tempo de espera. Isto garante que os processos fluem sem problemas e podem ser realizados com o mínimo de atrasos/outros desperdícios. O Lean Manufacturing baseia-se na prevenção de interrupções no processo de produção e na criação de um conjunto harmonizado e integrado de processos em que as actividades funcionam num fluxo constante.

d)   **Estabelecer um sistema de puxar:** O fabrico enxuto utiliza um "sistema de puxar" em vez de um "sistema de empurrar". Com o sistema push, as necessidades de inventário são determinadas antecipadamente e o produto é fabricado para cumprir essa previsão. No entanto, as previsões são normalmente imprecisas, o que pode resultar em oscilações entre existências excessivas e insuficientes. Isto pode levar a um aumento dos custos de armazenamento, a interrupções nos horários e a uma fraca satisfação do cliente.

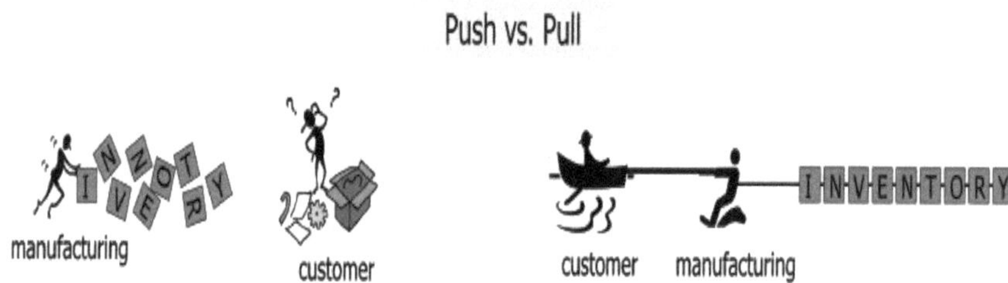

Fig 1.2: Push Vs Pull

A produção enxuta é um sistema de puxar, no qual nada é comprado ou só se inicia um novo trabalho quando há procura. O sistema pull baseia-se na flexibilidade e na comunicação.

e) **Perfeição:** O fabrico enxuto assenta no conceito de procura contínua da perfeição através de melhorias contínuas dos processos, também conhecido como kaizen, criado pelo fundador da Toyota Motor Company, Ki Cairo Toyota. Trata-se de identificar as causas profundas dos problemas de qualidade e de detetar e eliminar os desperdícios em todo o fluxo de valor.

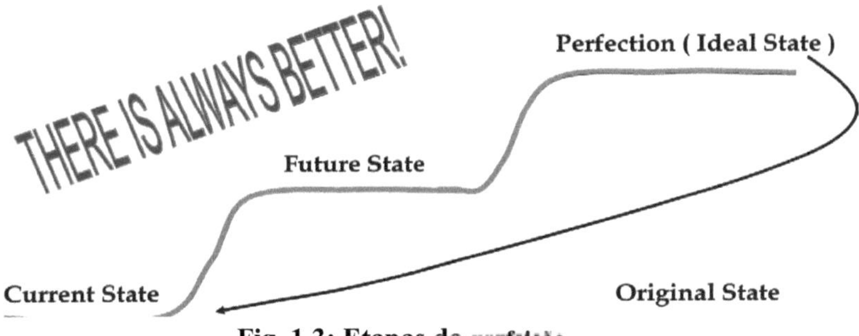

Fig. 1.3: Etapas da perfeição

1.3 VALOR E RESÍDUOS

1.3.1 VALOR: No Lean Manufacturing, o valor de um produto/serviço é definido unicamente com base num produto e/ou serviço com especificações definidas, pelo qual o cliente está disposto a pagar, e que satisfaz as necessidades do cliente num determinado período de tempo, com um preço definido.

As operações de produção podem ser agrupadas nos três tipos de actividades seguintes.

Tipos de actividades num fluxo de valor :

As actividades de valor acrescentado são actividades que transformam os materiais no produto exato que o cliente necessita.

Diminuir as actividades necessárias sem valor acrescentado que não acrescentam valor na perspetiva do cliente, mas que são necessárias para produzir o produto. As actividades necessárias sem valor acrescentado são actividades que não acrescentam valor do ponto de vista do cliente, mas que são necessárias para produzir o produto, a menos que o processo de fornecimento ou de produção existente seja radicalmente alterado. Este tipo de desperdício pode ser eliminado a longo prazo, mas é pouco provável que o seja a curto prazo. Por exemplo, podem ser necessários níveis elevados de existências como stock de reserva, embora este possa ser gradualmente reduzido à medida que a produção se torna mais estável.

Exemplo: Troca de ferramentas, ajuste, recolha/colocação de ferramentas

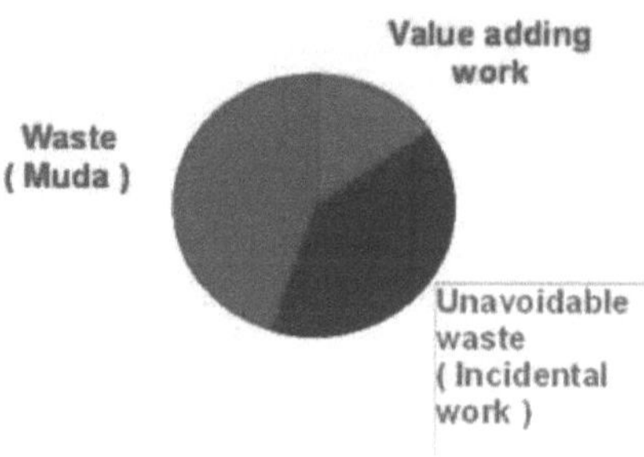

Fig. 1.4: Valor e resíduos

<u>Eliminar as actividades sem valor acrescentado</u> que não são necessárias para transformar o material no produto que o cliente pretende. Tudo o que não tem valor acrescentado pode ser definido como desperdício. Tudo o que acrescenta tempo, esforço ou custos desnecessários é considerado sem valor acrescentado. Outra forma de encarar o desperdício é considerar que se trata de qualquer material ou atividade pelo qual o cliente não está disposto a pagar. Testar ou inspecionar materiais também é considerado um desperdício, uma vez que pode ser eliminado na medida em que o processo de produção pode ser melhorado para eliminar a ocorrência de defeitos.

1.3.2 DESPERDÍCIO: "Desperdício é tudo o que não seja a quantidade mínima de equipamento, materiais, peças, espaço e tempo dos trabalhadores que são absolutamente essenciais para acrescentar valor ao produto."

Os 7 resíduos originais identificados por Ohno expandiram-se para incluir mais 1 relacionado com um funcionários das organizações. Podemos facilmente recordar os 8 desperdícios do lean utilizando o acrónimo **"DOWNTIME"**. São eles:

a. **Defeitos:** Para além dos defeitos físicos que aumentam diretamente os custos dos bens vendidos, podem incluir-se erros na documentação, fornecimento de informações incorrectas sobre o produto, atraso na entrega, produção de acordo com especificações incorrectas, utilização de demasiadas matérias-primas ou produção de resíduos desnecessários.

Fig 1.5: Defeitos e excesso de produção

b. **Excesso de produção:** A sobreprodução consiste em produzir desnecessariamente mais do que o necessário ou produzi-lo demasiado cedo antes de ser necessário. Isto aumenta o risco de obsolescência, aumenta o risco de produzir a coisa errada e aumenta a possibilidade de ter de vender esses itens com desconto ou descartá-los como sucata. No entanto, há alguns casos em que um fornecimento extra de produtos semi-acabados ou acabados é intencionalmente mantido, mesmo por fabricantes magros.

c. **Espera:** A espera é o tempo de inatividade dos trabalhadores ou das máquinas devido a estrangulamentos ou a um fluxo de produção ineficiente no chão de fábrica. A espera também inclui pequenos atrasos entre o processamento de unidades. A espera resulta num custo significativo, na medida em que aumenta os custos de mão de obra e os custos de depreciação por unidade de produção.

d. **Talento não utilizado:** O nome apenas soa a não utilizar eficazmente ou não utilizar de todo os recursos valiosos que são os seus empregados. Isto cria desperdício ao deixar em cima da mesa o valor que os seus empregados poderiam trazer através de competências ou talentos que não foram reconhecidos.

e. **Transporte:** O transporte inclui qualquer deslocação de materiais que não acrescente qualquer valor ao produto, tal como a deslocação de materiais entre estações de trabalho. A ideia é

que o transporte de materiais entre as fases de produção deve ter como objetivo o ideal de que o resultado de um processo seja imediatamente utilizado como entrada para o processo seguinte. O transporte entre fases de processamento resulta no prolongamento dos tempos de ciclo de produção, na utilização ineficiente de mão de obra e espaço e pode também ser uma fonte de pequenas paragens de produção.

Fig 1.6: Excesso de espera, de transporte e de inventário

f. <u>**Excesso de inventário**</u>: O desperdício de existências significa ter níveis desnecessariamente elevados de matérias-primas, trabalhos em curso e produtos acabados. O excesso de inventário conduz a custos de financiamento de inventário mais elevados, a custos de armazenamento mais elevados e a taxas de defeito mais elevadas.

g. <u>**Excesso de movimento**</u>: O movimento inclui quaisquer movimentos físicos desnecessários ou deslocações a pé dos trabalhadores que os desviem do trabalho de processamento real. Por exemplo, isto pode incluir andar pelo chão de fábrica à procura de uma ferramenta, ou mesmo movimentos físicos desnecessários ou difíceis, devido a uma ergonomia mal concebida, que atrasam os trabalhadores.

h. <u>**Processamento extra**</u>: O extra-processamento consiste em efetuar involuntariamente mais trabalho de processamento do que o exigido pelo cliente em termos de qualidade ou caraterísticas do produto - por exemplo, polir ou aplicar acabamentos em algumas áreas de um produto que não serão vistas pelo cliente.

Fig. 1.7: Excesso de movimento e processamento extra

1.3.3 Resíduos (MURA):

Significa diferença, uma coisa que ocorre irregularmente num processo. No KAIZEN eliminamos o Mura.

Inclui:

- Eventos que ocorrem de forma irregular.

- Coisas que ocorrem num lugar fixo.

- Coisas que acontecem com alguns humanos fixos.

- Quando um lado é verdadeiro e o outro é errado.

1.3.4 Resíduos (MURI):

Significa stress, tensão e dificuldades num processo. No KAIZEN eliminamos ou reduzimos o Muri.

Inclui:

- Dobrar-se enquanto trabalha num processo.

- Exigir mais energia durante o trabalho.

- Apanhar mais peso enquanto trabalha.

- Repetir coisas.

Resíduos adicionais na indústria transformadora:

+ Desperdício de potência e energia.

+ Potencial humano desperdiçado.

+ Poluição ambiental.

+ Conceção inadequada.

+ Cultura de departamento.

+ Informações inadequadas

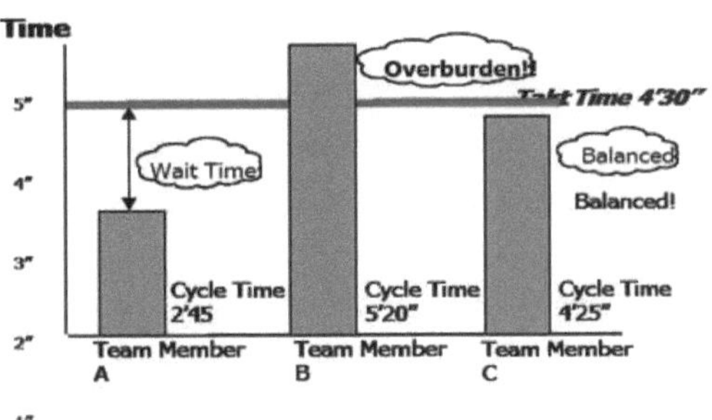

Fig. 1.8: Diferentes tipos de resíduos

1.4 O objetivo final do Lean Manufacturing

O objetivo final do Lean Manufacturing é reduzir os custos dos processos empresariais, oferecer produtos a preços competitivos no mercado, aumentar os lucros e o ROI. A redução dos custos dos produtos e o aumento dos lucros da empresa começam com a redução dos custos a nível operacional, o que tem impacto no custo do produto ou serviço (preço).

Fig 1.9: Objetivo final

1.5 Benefícios do Lean Manufacturing

As principais vantagens da implementação do Lean Manufacturing são a redução dos custos de produção, o aumento da quantidade produzida e a redução dos prazos de produção. Os objectivos do Lean Manufacturing são:

• Defeitos e desperdício - Reduzir os defeitos e o desperdício físico desnecessário, incluindo a utilização excessiva de matérias-primas, os defeitos evitáveis, os custos associados ao reprocessamento de artigos defeituosos e as caraterísticas desnecessárias dos produtos que não são exigidas pelos clientes.

• Tempos de ciclo - Reduzir os prazos de fabrico e os tempos de ciclo de produção, reduzindo os tempos de espera entre as fases de processamento, bem como os tempos de preparação do processo e os tempos de conversão do produto/modelo.

• Níveis de inventário - Minimizar os níveis de inventário em todas as fases de produção, em especial os trabalhos em curso entre fases de produção. Inventários mais baixos também significam menores necessidades de capital de giro.

• Produtividade da mão de obra - Melhorar a produtividade da mão de obra, reduzindo o tempo de inatividade dos trabalhadores e assegurando que, quando estão a trabalhar, utilizam o seu esforço da forma mais produtiva possível (incluindo a não realização de tarefas ou movimentos desnecessários).

•	Utilização do equipamento e do espaço - Utilizar o equipamento e o espaço de fabrico de forma mais eficiente, eliminando os estrangulamentos e maximizando a taxa de produção através do equipamento existente, minimizando o tempo de inatividade das máquinas.

•	Flexibilidade - Ter a capacidade de produzir uma gama mais flexível de produtos com custos e tempos de mudança mínimos

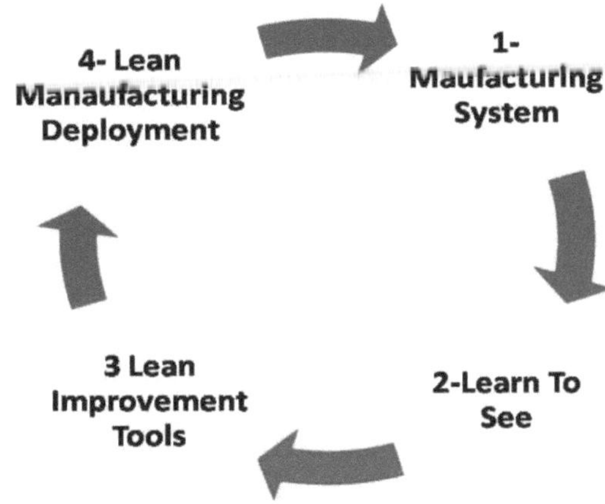

Fig 1.10: Ciclo de implementação Lean

1.6 Mapeamento do Fluxo de Valor (VSM)

Como técnica lean, o mapeamento do fluxo de valor foi utilizado para mostrar o material, os fluxos de informação e o tempo total necessário para os processos. Atacar os desperdícios identificados no processo de mapeamento: eliminar, reduzir, mitigar o impacto.

Exemplo de lean: Fazer com que as etapas de criação de valor ocorram na sequência correta para que o produto flua suavemente em direção ao cliente, sem desperdícios de transporte e de espera.

Há alguns passos que temos de seguir para implementar esta metodologia:

•	Trabalhar na loja.

•	Mapa do fim (porque o cliente é o rei).

•	Não se baseie nos dados do sistema (fale com as pessoas).

- Veja o fluxo.

- Desenhar o mapa do estado atual.

- Desenhar o mapa do estado futuro.

- Desenvolver um plano de trabalho para a implementação do mapa do estado futuro.

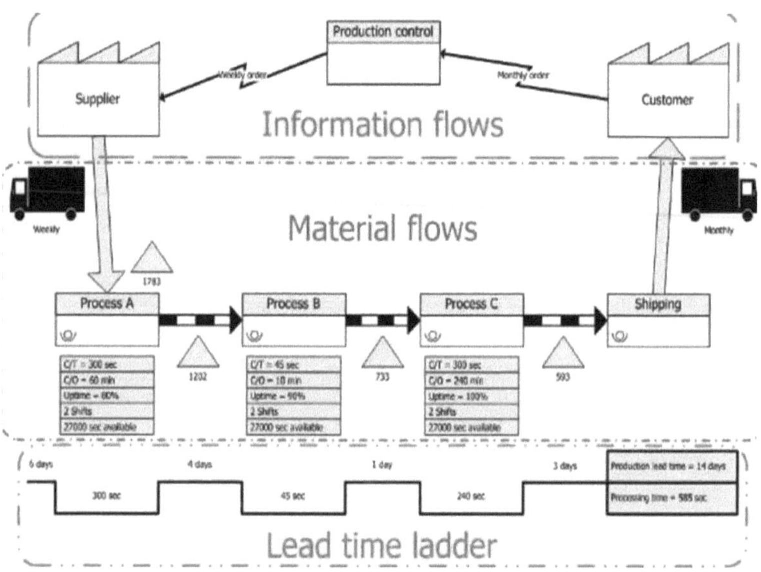

Fig 1.11: Mapeamento do fluxo de valor

1.6.1 O objetivo de um Mapa do Fluxo de Valor

Porque é que um Mapa de Fluxo de Valor é tão útil? O que é que um VSM oferece que outros diagramas de processos ou descrições de actividades não oferecem? Aqui está o resumo:

- O VSM, numa visão única, fornece uma representação completa, baseada em factos e em séries temporais do fluxo de actividades - do início ao fim - necessárias para entregar um produto ou serviço ao cliente.

- O VSM fornece uma linguagem comum e uma visão comum para analisar o fluxo de valor.

- O VSM mostra como a informação flui para desencadear e apoiar essas actividades.

- O VSM mostra-lhe onde as suas actividades acrescentam valor e onde não acrescentam, permitindo ver o que impede a capacidade de fornecer e satisfazer o seu cliente.

O VSM utiliza símbolos especiais para representar onde há desperdício no processo de fabrico e para encontrar formas de eliminar esse desperdício. Os símbolos VSM são apresentados a seguir:

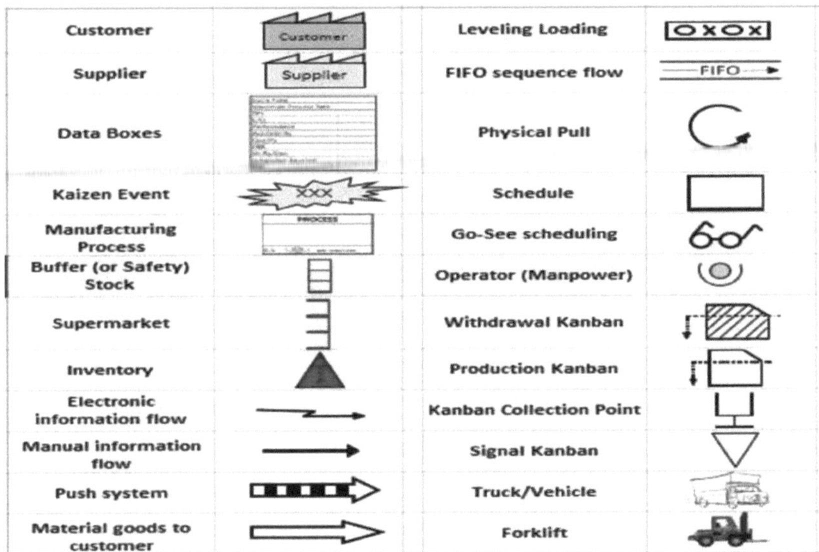

Fig 1.12: Ícones do mapeamento do fluxo de valor

1.6.1.1 Informações de apoio necessárias para construir um VSM Podem incluir o seguinte:

- As exigências e expectativas do consumidor final.
- Uma visão a nível macro de todo o fluxo de valor, desde o consumidor até às matérias-primas e à informação.
- Horários de clientes e informações sobre a procura.
- Estudos de tempo de processo
- Tempo de ciclo (C/T)
- Prazos de entrega
- Número de operadores

- Tempo de transição (C/O)
- Tempo de trabalho, menos pausas
- Fotografias e vídeos das operações no seu estado atual
- Instruções de trabalho normalizadas
- Informações sobre a qualidade
- Tempo de funcionamento e disponibilidade do equipamento
- Variações de produtos e processos
- Inventário e trabalhos em curso (WIP)
- Tamanho dos lotes
- Quantidades de embalagens e outras informações de envio
- Dados relativos aos custos
- Qualquer outra informação que o ajude a caraterizar o processo.

1.6.2 Criar o mapa do fluxo de valor do estado atual

Comece na extremidade mais próxima do cliente e registe o processo a partir da extremidade, subindo a montante até ao início. Verá o que o seu fluxo de valor está a fazer quanto mais se afastar do cliente.

Identificação das actividades

a)   Caracterização do tempo de processo

- Qual é o tempo real necessário para executar a tarefa identificada na etapa do processo?
- Qual é o tempo de espera antes de cada etapa?
- Se se tratar de um inventário, quanto tempo é necessário para o esgotar?
- Qual é o tempo de transporte ou de deslocação?
- Qual é o inventário entre a última operação e o consumidor?
- Quantos operadores estão activos em cada etapa do processo?
- Quanto tempo é necessário para mudar um processo quando se muda de tipo de produto?

b)   Decidir o que é (valor acrescentado e não valor acrescentado)

Agora é altura de decidir quais os passos do processo que têm valor acrescentado (VA) e quais os que são os temidos passos sem valor acrescentado (NVA) no processo.

Para ter valor acrescentado, uma atividade deve satisfazer os três critérios de VA:

- O cliente deve estar disposto a pagar por isso.
- Deve transformar o produto ou serviço de alguma forma.

- Deve ser feito corretamente à primeira vez.

- Quantificação de outros prazos de entrega.

Determinação do fluxo de informação

- Que informação está a ser transmitida?

- Quando é que as informações são enviadas?

- Quem recebe as informações e se são as pessoas certas para as receber?

- Em que ponto do fluxo de valor ocorre a transmissão de informações?

- Como é que a informação é enviada - manualmente ou eletronicamente.

Analisar o mapa do fluxo de valor do estado atual: Fazer este tipo de perguntas para identificar problemas no fluxo de valor que afectam diretamente os clientes:

a)   **À procura de Muda:** O Lean esforça-se por eliminar todas as formas de desperdício. Para encontrar desperdícios, faça os seguintes tipos de perguntas:

- O excesso de inventário ou de trabalho em processo está a acumular-se ao longo do fluxo de valor?

- Quando se muda de um produto ou serviço para outro, durante quanto tempo é que a etapa do processo não está a produzir? ([esta pergunta tem como objetivo compreender o tempo de mudança).

- A etapa do processo flui ou é um ponto de estrangulamento no processo? Como é que o tempo de processamento da etapa se compara com a procura do cliente?

b)   **Princípios Lean:** A visão do sensei Lean

O sensei Lean orienta e ensina a organização a aprender, implementar e incorporar a filosofia Lean. A lente através da qual o sensei avalia o VSM do Estado Atual destaca as oportunidades de curto e longo prazo para institucionalizar o Lean na organização. A visão Lean coloca as seguintes questões:

- Qual é o grau de proximidade entre o processo de produção e o tempo do ciclo?

- Como é que a carga de trabalho pode ser nivelada?

c)   **Qualidade:** Os profissionais da qualidade - quer pertençam a uma função de qualidade formal, quer sejam especialistas treinados em Lean Six Sigma - examinam o valor acrescentado na perspetiva da correção:

- A transformação ocorre corretamente?

- É feito corretamente da primeira vez?
- O processo é capaz de produzir regularmente resultados sem defeitos?
- Onde é que a má qualidade chega ao cliente? Quais são os defeitos?
- Como é que os problemas de qualidade são comunicados pelo cliente, transmitidos para a organização e resolvidos?

1.6.3. Mapa **do fluxo de valor do estado futuro**

Agora é altura de pegar em todos os esforços de mapeamento, nas análises e nas visões do estado ideal e combiná-los para definir o estado futuro. As melhorias selecionadas tornam-se a base das suas actividades de planeamento. O mapa do fluxo de valor do estado futuro é o seu próximo incremento de melhoria de desempenho.

Pacemakers, estrangulamento e supermercados:

Operação de pacemaker: A operação de pacemaker define o ritmo para o resto do fluxo de valor. É a única operação que recebe o plano de produção. O marcapasso produz de acordo com o tempo do ciclo e define o ritmo para que as operações a montante produzam apenas o suficiente para repor o que a operação do marcapasso consumiu. A jusante da operação do marcapasso, o processo deve produzir em fluxo contínuo (a menos que uma área de armazenamento, conhecida como supermercado, seja necessária para produtos acabados). Os múltiplos da produção de pacemaker ajustam-se à quantidade expedida para o cliente. Por exemplo, se a quantidade expedida para o cliente for de 60 unidades por contentor, podem ser libertadas 20 unidades de cada vez para a operação de pacemaker.

Processo de estrangulamento: O processo de estrangulamento é o processo com o tempo de ciclo mais longo. Módulos de trabalho: Os módulos de trabalho são operações agregadas que se encaixam numa área compacta, de modo a facilitar o fluxo contínuo e a produção de uma única peça. Os módulos de trabalho são capazes de efetuar todas, ou a maioria, das operações necessárias para que o fluxo de valor forneça o seu produto ou serviço. Isto é totalmente diferente de uma organização departamental tradicional.

Supermercados: Os supermercados são armazéns de inventário em processo utilizados quando o processo não pode produzir um fluxo contínuo. Exemplos de supermercados incluem quando uma operação serve muitos fluxos de valor, quando os fornecedores estão demasiado longe, ou quando os processos são instáveis, têm prazos de entrega longos, ou têm tempos de ciclo desequilibrados. A operação de fornecimento controla o supermercado e o seu inventário. O inventário do supermercado é rigorosamente controlado.

CAPÍTULO 2 REVISÃO DA LITERATURA

2.1 Introdução

Neste capítulo, é apresentada uma revisão da literatura com base nos trabalhos publicados anteriormente sobre o tema:

2.2 Pesquisa bibliográfica

Anupam Tiwari, et.al.,(2017) [1] estudaram que, neste trabalho de investigação, a ferramenta de Mapeamento do Fluxo de Valor (VSM) foi utilizada para melhorar o fluxo do sistema de produção e o processamento da procura, reduzindo as intersecções das linhas com uma utilização óptima das instalações disponíveis. O mapeamento do fluxo de valor (VSM) foi utilizado para representar a linha de fluxo de produção e o software E draw / max foi utilizado para desenvolver os modelos de simulação. O mapeamento do fluxo de valor ajuda a identificar fontes de desperdício e a implementar melhorias no processo, destacando as oportunidades de melhoria. O presente trabalho representa um estudo de caso de uma unidade de fabrico de vidro que produz vidro de várias espessuras. O tempo de produção é optimizado através de um software de planeamento.

Sweety, et.al., (2016) [2] estudaram que o lean manufacturing é uma abordagem sistemática para identificar e remover desperdícios (actividades sem valor acrescentado) nas indústrias têxteis e de vestuário. É particularmente adequado para empresas que não possuem sistemas sólidos de Planeamento das Necessidades de Materiais (MRP), programação da produção e alocação da produção e o estudo foi realizado na tentativa de destacar as áreas de aplicação da produção enxuta nas indústrias têxteis e de vestuário como um conceito de balanceamento de linha.

Prakash K. Jadhav, et.al., (2018) [3] identificaram que as empresas de fabrico estão a enfrentar desafios decorrentes de mudanças globais, incluindo a necessidade de produtos de alta qualidade, redução de custos e aumento da produtividade. Para resolver estas questões, as empresas estão a recorrer a métodos modernos. Muitas empresas ainda têm processos ineficientes que conduzem a desperdícios e a ciclos de produção prolongados devido a actividades sem valor acrescentado. Este estudo de caso tem como objetivo melhorar as métricas de produção através da eliminação de etapas de fabrico sem valor acrescentado e da implementação de técnicas de produção optimizadas como solução para estes problemas.

A. Ramachandran, et.al., (2014) [4] estudaram que a indústria automóvel está a enfrentar desafios decorrentes de mudanças globais, tais como expectativas de qualidade acrescidas, exigências de redução de custos e necessidades de produtividade acrescidas. As empresas esforçam-se por resolver estes problemas adoptando abordagens modernas. Este projeto visa abordar estas questões através da utilização de técnicas de produção optimizadas. O objetivo principal é melhorar a qualidade e a produtividade, reduzindo simultaneamente os desperdícios e os custos de produção através de prazos de entrega mais curtos e de actividades com maior valor acrescentado. Este trabalho envolve a análise das durações dos processos, a identificação de operações de estrangulamento e a criação de um mapa do fluxo de valor do estado atual.

Aniket Gaikwad, et.al., (2020) [5] centrou-se na melhoria da eficiência dos processos de uma empresa comercial. Através da análise das operações, o objetivo é identificar e eliminar os desperdícios utilizando ferramentas "lean". Utilizando a análise de Pareto, os principais clientes foram identificados a partir dos dados de frequência de encomendas de um ano. O tempo necessário para as operações é estudado e o mapeamento do fluxo de valor é aplicado a clientes importantes, categorizando o tempo em actividades de valor acrescentado e actividades sem valor acrescentado. As actividades sem valor acrescentado estão associadas a vários tipos de resíduos. Após o estudo do fluxo de valor, foram propostas sugestões como a melhoria do SIG e do portal eletrónico. A investigação tem como objetivo otimizar as operações da empresa, reduzir o tempo de espera e aumentar a eficiência através de técnicas de gestão lean.

D K Shinde, et.al., (2018) [6] estudou que a abordagem facilita a melhoria contínua, tornando-a essencial para as indústrias transformadoras e de serviços manterem a sua presença no mercado. O fabrico enxuto, também conhecido como gestão enxuta ou produção enxuta, minimiza eficazmente o tempo sem valor acrescentado. Centra-se na redução do tempo entre as encomendas dos clientes e a expedição dos produtos, eliminando os desperdícios. Esta abordagem sistemática optimiza a produção, reduz os custos e aumenta o valor do produto. Este resumo apresenta o significado do lean manufacturing, as suas ferramentas e a sua metodologia de redução de desperdícios.

Prakash Salunke, et.al.,(2019) [7] constatou que a VSM tem origem na produção enxuta, uma abordagem baseada em princípios que racionaliza a produção utilizando menos recursos. Cunhada por John Krafcik, a "produção enxuta" denota o funcionamento com um excesso mínimo de activos, conseguindo mais com menos. O fabrico enxuto, frequentemente associado ao Sistema de Produção da Toyota

(TPS), integra factores de eficiência e é considerado um sistema integrado pioneiro

Rahul R. Joshi, et.al., (2012) [8] constatou que o Mapeamento do Fluxo de Valor (VSM) é uma técnica preferida de fabrico optimizado, capturando dados sobre tempos de ciclo, utilização de recursos, configuração, inventário e fluxo de materiais. Este trabalho centra-se no papel do VSM na redução do desperdício na indústria transformadora, ilustrado através de um estudo de caso da indústria de fabrico de die. O estado atual do processo é mapeado, os desperdícios que afectam o tempo de ciclo são identificados e é desenvolvido um mapa do estado futuro com ideias de melhoria. Espera-se uma redução de 30% do tempo de ciclo, demonstrando a utilidade do VSM no aumento da eficiência da produção.

Deepak Sharma, et.al., (2016) [9] estudou que o VSM é uma ferramenta empresarial que representa visualmente todo o processo de produção, incluindo o fluxo de materiais e de informações. Engloba todas as acções, tanto de valor acrescentado como de valor não acrescentado, necessárias para mover um produto da matéria-prima para o cliente. O VSM, uma ferramenta de produção optimizada, tem por objetivo descobrir e eliminar os desperdícios no fluxo de valor. Este estudo centra-se na indústria alimentar Bhujia, utilizando mapas do estado atual e futuro derivados de estudos de tempo pormenorizados. O VSM recolhe dados sobre o tempo de ciclo, a preparação, o inventário WIP, a mão de obra e o fluxo de materiais. A redução do tempo sem valor acrescentado é conseguida no processo de fabrico da Bhujia.

Ramesh Babu K, et.al., (2016) [10] estudou que o fabrico Lean mostra potencial para satisfazer exigências competitivas como a qualidade, a eficiência de custos e prazos de entrega mais curtos. Este estudo aplica os conceitos Lean à produção contínua na indústria de fabrico de componentes automóveis. Explora a adaptação das ferramentas Lean do fabrico discreto ao fabrico contínuo. Este trabalho mostra a ênfase do lean manufacturing na erradicação das actividades sem valor acrescentado e dos desperdícios. A implementação melhora o desempenho global. O mapeamento do fluxo de valor identifica os desperdícios e aplica as ferramentas Lean para criar um mapa do estado futuro. Um modelo de simulação quantifica os benefícios, testados através de experiências. Este documento mostra como os princípios lean melhoram o desempenho através de alterações de layout.

Dadashnejad A, et.al., (2018) [11] Este trabalho mostra a importância do mapeamento do fluxo de valor (VSM) como uma ferramenta crucial para a produção enxuta. O VSM é fundamental para identificar e minimizar erros, perdas e tempos de espera, ao mesmo tempo que melhora o tempo de agregação de valor. Isto conduz a uma maior qualidade do produto e permite às unidades de produção gerir os riscos de produção e reduzir os custos a longo prazo. O objetivo deste documento é introduzir um conceito abrangente de fluxo de produção, explorando o impacto do fluxo de valor nas perdas operacionais. A investigação analisa os processos operacionais, realçando os padrões descobertos para melhorar a compreensão e a eficiência da produção. Os resultados revelam que a implementação das alterações e correcções necessárias conduzirá diretamente à melhoria do processo de produção, o que, por sua vez, resulta numa maior satisfação do cliente devido à redução de custos e ao aumento da qualidade. Além disso, os testes das hipóteses confirmam que o VSM afecta seis perdas operacionais, nomeadamente, falhas de equipamento, preparação e mudanças, paragens e pequenas paragens, operação a velocidade reduzida, sucata e retrabalho e perdas no arranque.

P. F. Andrade, et.al., (2016) [12] Este trabalho tem como objetivo aplicar os conceitos de mapeamento do fluxo de valor (VSM) em uma empresa de autopeças na região do ABC paulista. Através do mapeamento do estado atual da arte, foi possível identificar os desperdícios presentes em uma linha de montagem de discos de embreagem. O estado futuro é sugerido com melhorias para eliminação de desperdícios e redução do lead time. São feitas simulações utilizando os estados atual e futuro para embasar as melhorias sugeridas, e foi verificada redução de 7% no tempo total de produção, bem como aumento de 10% no aproveitamento dos postos de trabalho. Os resultados mostraram que o VSM combinado com a simulação é uma boa alternativa na tomada de decisão para mudanças no processo produtivo.

Dinesh Seth, et.al., (2017) [13] A aplicação do VSM é uma abordagem comprovada para melhorias baseadas em Lean. Normalmente, isto torna-se um desafio quando aplicado a ambientes de produção complexos. O objetivo desta investigação é demonstrar como, com algumas aproximações e simplificações na aplicação do VSM, o lean pode ser alcançado com sucesso nestes ambientes. A investigação segue o método de estudo de caso e orienta sistematicamente a segregação e o tratamento das actividades que não acrescentam valor (NVA) e das actividades que acrescentam valor (VA) no processo de fabrico de transformadores de potência industriais pesados. A empresa em causa opera em ambientes de produção por encomenda (ETO) e de alta mistura e baixo volume (HMLV). Com uma equipa de investigação que utiliza gemba walks e a técnica de questionamento sistemático, são recolhidos dados relevantes para o mapeamento. O método Taguchi é também aplicado a uma das etapas críticas, que influencia o tempo de ciclo e os requisitos energéticos. Os resultados generalizáveis confirmam os pontos fortes da abordagem Lean, ao abordar os desperdícios e a redução do tempo de ciclo. O estudo estabelece que as mensagens lean baseadas na aplicação do VSM permanecem as mesmas tanto para ambientes simples como complexos. Expõe igualmente que a não conformidade com os "pressupostos VSM" e os "micro-conceitos" são as causas fundamentais da complexidade das aplicações. O estudo também oferece perspectivas úteis e orientações práticas para facilitar o Lean em ambientes de produção ETO, de construção e HMLV.

Satish Tyagi, et.al., (2014) [14], O desenvolvimento de produtos (DP) é um vasto domínio de atividade que trata do planeamento, da conceção, da criação e da comercialização de um novo produto. Este domínio de investigação revolucionário tornou-se de extrema importância para vencer a concorrência de produtos multidisciplinares que são maiores em tamanho e têm um tempo de desenvolvimento mais longo. O principal objetivo deste artigo é explorar os conceitos do pensamento lean para gerir, melhorar e desenvolver o produto mais rapidamente, melhorando ou, pelo menos, mantendo o nível de desempenho e de qualidade. Os conceitos de pensamento enxuto abrangem uma vasta gama de ferramentas e métodos destinados a produzir resultados finais. No entanto, o método de mapeamento do fluxo de valor (VSM) é utilizado para explorar os desperdícios, as ineficiências e as etapas sem valor acrescentado num único processo definível de todo o processo de desenvolvimento do produto (PDP). Esta única etapa é altamente complexa e ocorre uma vez, enquanto o PDP dura 3-5 anos. Foi analisado um estudo de caso de um produto de turbina a gás para ilustrar e justificar a utilização do quadro proposto. Para o efeito, foram realizados os seguintes procedimentos: Em primeiro lugar, é desenvolvido um mapa do estado atual utilizando o Gemba walk. Além disso, os Especialistas na matéria (SMEs) fizeram um brainstorming para explorar os desperdícios e as suas causas principais encontradas durante o Gemba walk e o mapeamento do estado atual. Também é desenvolvido um mapa do estado futuro com a eliminação de todos os desperdícios/ineficiências. Para além de numerosos benefícios intangíveis, espera-se que a estrutura VSM ajude as equipas de desenvolvimento a reduzir o tempo de execução do DP em 50%.

A.R. Rahani, et.al., (2012) [15], a equipa descreveu um caso em que os princípios da produção optimizada (Lean Production - LP) são adaptados ao sector de processos de uma fábrica de peças para automóveis. O mapeamento do fluxo de valor (VSM) é uma das principais ferramentas Lean utilizadas para identificar as oportunidades para várias técnicas Lean. O contraste entre o antes e o depois das iniciativas de otimização do processo produtivo determina os potenciais benefícios para os gestores, tais como a redução do tempo de produção e a diminuição do inventário do trabalho em curso. Como o VSM envolve todas as etapas do processo, tanto o valor acrescentado como o não valor acrescentado, são analisados e utilizando o VSM como uma ferramenta visual para ajudar a ver os desperdícios ocultos e as fontes de desperdício. É desenhado um mapa do estado atual para documentar o modo como as coisas funcionavam na produção. De seguida, é desenvolvido um Mapa do Estado Futuro para desenhar um fluxo de processo lean através da eliminação das causas de desperdício e através de melhorias no processo. Um Plano de Implementação delineia então os detalhes dos passos necessários para apoiar os objectivos do LP. Este documento demonstra as técnicas de VSM e discute a sua aplicação numa iniciativa de PL num estudo de caso de um produto.

2.3 SOBRE AS INDÚSTRIAS DE TRANSFORMAÇÃO DE POLPA DE MANGA NA ÍNDIA

A Índia é o maior exportador de polpa de manga. Durante o ano de 2019-2020, o país exportou 85.725,55 toneladas métricas de polpa de manga para o mundo, avaliadas em 584 crores/81,88 milhões de dólares. Embora a manga seja cultivada em todas as regiões da Índia, as indústrias de transformação de polpa de manga estão estabelecidas apenas nas partes sul e oeste da Índia. Estas regiões são responsáveis por uma parte importante das exportações da Índia. As indústrias de polpa de manga situadas no distrito de Krishnagiri, em Tamilnadu, são o maior produtor de puré de manga. Gera anualmente cerca de 500 milhões de divisas. A Índia produz 3,50 mil toneladas de puré de manga por ano, o que representa metade da produção mundial de polpa de manga, que é de 7,00 mil toneladas. Exporta 2,00,000 toneladas de manga todos os anos e 1,50,000 toneladas são consumidas internamente.

Os fabricantes de alimentos transformados e as indústrias de transformação de polpa de manga estão a mudar o seu enfoque para produtos alimentares prontos a consumir para satisfazer a procura crescente. A maioria dos fabricantes de bebidas utiliza o puré de manga em vez de adicionar aditivos aromatizantes. O puré de fruta retém o sabor dos frutos, o que ajuda a preservar a qualidade e o sabor do produto. A mudança dos hábitos alimentares e dos estilos de vida dos consumidores contribui significativamente para a expansão dos produtos prontos a consumir. Com o aumento da utilização de puré de manga em vez de fruta nos produtos alimentares, prevê-se que o mercado dos produtos transformados à base de manga aumente.

Prevê-se que a indústria alimentar biológica aumente significativamente em termos de volume de vendas e de consumo devido ao número crescente de consumidores que procuram produtos naturais. Para manter uma posição sólida no mercado global, espera-se que as principais indústrias de processamento de polpa de manga visem o segmento orgânico. As indústrias de transformação de polpa de manga existentes estão a investir em I&D e no desenvolvimento de produtos para criar novos produtos que satisfaçam as exigências dos clientes. A utilização crescente de polpa de manga no sector do comércio a retalho é suscetível de gerar numerosas oportunidades.

O puré de manga, também conhecido como polpa de manga, é uma substância suave e espessa obtida através da quebra das secções fibrosas insolúveis das mangas maduras. O puré de manga conserva naturalmente todos os nutrientes, a doçura e o sabor do fruto fresco. A polpa de manga é fabricada a partir de mangas completamente maduras que foram cuidadosamente selecionadas. A indústria de transformação de manga na Índia está bem equipada com instalações de fabrico avançadas e maquinaria de ponta para servir e satisfazer a procura dos mercados de exportação. Existem dois grupos principais de indústrias de transformação de polpa de manga na Índia, com cerca de 65 unidades de transformação rodeadas por pomares de mangas Alphonso e totapuri. Chittoor, em Andhra Pradesh, e Krishnagiri, em Tamilnadu, são as localizações destes agrupamentos. Algumas das instalações de transformação de puré de manga estão localizadas no estado de Gujarat e Maharashtra. Os consumidores dos países em desenvolvimento e dos países desenvolvidos são cada vez mais atraídos por alimentos prontos a comer e bebidas prontas a beber, devido ao aumento da urbanização e do rendimento disponível.

2.4 Definição do problema do presente trabalho

A empresa Mango Jelly é o local onde o presente trabalho está a ser realizado. Após ter efectuado a investigação, é evidente que a empresa:

•	Falta uma boa disposição das células.

*   Os montes de inventário estão espalhados nas imediações do local de produção.

*   Os envios atrasam-se frequentemente.

*   Os prazos de execução dos processos não são assim tão maiores do que deveriam ser.

2.5 Objectivos do presente trabalho

*   Satisfazer atempadamente a procura dos clientes, eliminando actividades sem valor acrescentado, tais como (defeitos, excesso de produção, tempo de espera, excesso de inventário, transporte, excesso de movimento).

*   Reduzir as existências (produtos em curso, produtos acabados)

*   Reduzir o tempo de execução do processo tendo em conta o tempo do processo.

CAPÍTULO 3
TÉCNICAS UTILIZADAS

3.1 Introdução

Neste capítulo, são discutidas as técnicas que utilizaremos para atingir os objectivos acima referidos.

3.2 Técnicas

Para atingir os objectivos, identificar os desperdícios e, em seguida, eliminá-los através da aplicação do princípio Lean na indústria, não há nada mais eficaz do que o VSM. O método de Mapeamento do Fluxo de Valor (VSM) é uma ferramenta de visualização orientada para a versão Toyota do Lean Manufacturing (Sistema de Produção Toyota). Ajuda a compreender e a racionalizar os processos de trabalho utilizando as ferramentas e técnicas do Lean Manufacturing. O objetivo do VSM é identificar, demonstrar e reduzir o desperdício no processo.

Antes de aplicar a metodologia VSM, é necessário estudar toda a fábrica com o diretor da fábrica, os supervisores, os operadores e realizar entrevistas com estas pessoas, o que ajudará a identificar os pontos críticos da fábrica onde podemos criar a oportunidade de melhorar a produtividade.

3.2.1. Caminhada Gemba

O significado desta palavra japonesa é GEM significa "Real" e BA significa "Local". No GEMBA, temos de ir ao local real onde o problema está a ocorrer.

Inclui:

- Constituição de um grupo que inclua membros de todos os serviços
- Decidir o período específico (4 a 5 dias)
- Investimento ZERO
- Utilização do ciclo de Deming

E, de acordo com as regras, temos de organizar o dia pré-workshop, criar grupos, gerir actividades diárias como a recolha de dados, a análise de dados e a confirmação experimental dos dados diagnosticados,

Início da implementação da contramedida, implementação e apresentação e dia pós-workshop.

Fig 3.1: Gemba Walk

3.2.2 Disposição das células/ Fabrico das células

O Lean tem normalmente como objetivo a implementação de um fluxo de produção sem estrangulamentos, interrupções, desvios, refluxos ou esperas. Quando isto é implementado com sucesso, o tempo do ciclo de produção pode ser reduzido em até 90%.

Exemplo de lean: Fazer com que as etapas de criação de valor ocorram na sequência correta para que o produto flua suavemente em direção ao cliente, sem desperdícios de transporte e de espera.

Melhorar a disposição das células, por:

- Aumentar a eficácia.
- Descobrir a capacidade oculta.
- Gerar mais receitas.
- Reduzir os custos.
- Melhorar a satisfação do cliente.
- Melhorar a moral dos empregados.

3.2.3 Mapeamento do fluxo de valor

O mapeamento do fluxo de valor é um conjunto de métodos para apresentar visualmente o fluxo de materiais e informações através do processo de produção. Não há desperdícios no VSM. O fluxo do processo é um plano de ação para eliminar todos os desperdícios identificados no VSM, utilizando ferramentas de melhoria lean.

3.3 Vantagens da combinação da otimização da disposição e do fabrico optimizado

A combinação da otimização da disposição e do fabrico optimizado através do mapeamento do fluxo de valor oferece várias vantagens na melhoria da eficiência operacional e da produtividade global. Aqui estão os principais benefícios:

a.   Melhoria da eficiência do fluxo de trabalho: Ao analisar o fluxo de valor através do mapeamento, é possível identificar e eliminar actividades sem valor acrescentado e estrangulamentos. A integração da otimização da disposição garante que os postos de trabalho são colocados estrategicamente, minimizando movimentos desnecessários e optimizando o fluxo de materiais e informações.

b.   Redução do desperdício: Os princípios de fabrico Lean têm como objetivo minimizar o desperdício, incluindo a sobreprodução, o tempo de espera, o transporte, o excesso de inventário, o movimento, os defeitos e o excesso de processamento. Ao integrar a otimização da disposição com os princípios Lean, pode eliminar ou reduzir sistematicamente estas formas de desperdício, conduzindo a poupanças de custos e a uma melhor utilização dos recursos.

c.   Utilização do espaço: A otimização do layout centra-se na organização dos espaços de trabalho e do equipamento para maximizar a eficiência do espaço. Quando combinada com os princípios lean, assegura que apenas os itens necessários estão no espaço de trabalho, reduzindo o excesso de inventário e libertando espaço para actividades de maior valor acrescentado.

d.   Redução dos prazos de entrega: O mapeamento do fluxo de valor ajuda a identificar e resolver atrasos no processo de produção. Ao otimizar o layout e implementar práticas lean, pode reduzir significativamente os prazos de entrega, permitindo uma resposta mais rápida às exigências dos clientes e melhorando a agilidade geral da produção.

e.   Melhoria da qualidade: O fabrico Lean dá ênfase à prevenção de erros e à melhoria contínua. Ao racionalizar os processos através do mapeamento do fluxo de valor e da otimização das disposições, é possível identificar e eliminar fontes de defeitos, o que conduz a uma maior qualidade do produto.

f.   Envolvimento dos colaboradores: Envolver os funcionários no processo de mapeamento do fluxo de valor promove uma cultura de melhoria contínua e capacita-os a contribuir com ideias para ganhos de eficiência. Um layout bem optimizado, alinhado com os princípios lean, pode criar um ambiente de trabalho mais seguro e organizado, aumentando a satisfação e o envolvimento dos colaboradores.

g. Redução de Custos: A abordagem combinada da otimização do layout e do lean manufacturing conduz à redução dos custos operacionais através da minimização do desperdício, da melhoria da utilização dos recursos e do aumento da eficiência global do processo.

h. Maior flexibilidade: Os princípios de fabrico Lean, quando integrados com layouts optimizados, criam um sistema de produção mais flexível. Esta adaptabilidade permite que a organização responda rapidamente a mudanças na procura, variações de produtos ou condições de mercado.

i. Tomada de decisões estratégicas: Os insights obtidos através do mapeamento do fluxo de valor e da otimização do layout fornecem uma compreensão abrangente do processo de produção. Este conhecimento permite a tomada de decisões informadas e baseadas em dados ao implementar práticas lean e fazer melhorias contínuas.

j. Excelência operacional global: A combinação da otimização do layout e da produção optimizada através do mapeamento do fluxo de valor contribui para alcançar a excelência operacional. Alinha os processos de produção com a procura dos clientes, minimiza o desperdício e aumenta a eficiência global, posicionando a organização para o sucesso a longo prazo.

3.4 Processo envolvido na preparação da geleia de manga

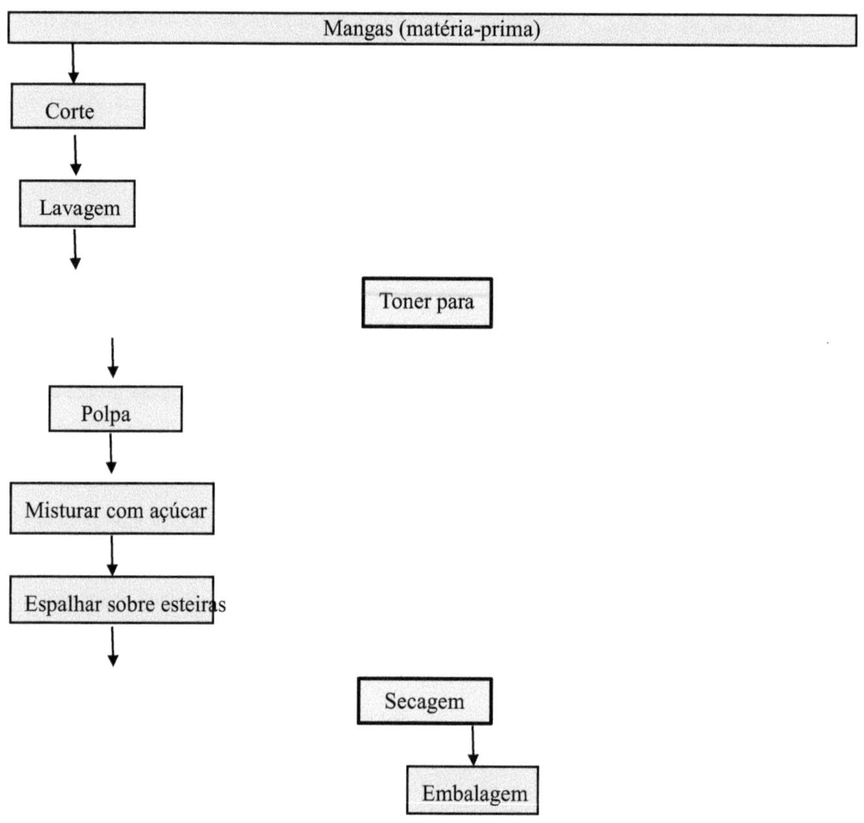

3.4.1 Matéria-prima:

O   Escolha mangas maduras e saborosas. As mangas Totapuri são cultivadas em Tamilnadu e Andhra Pradesh. Trata-se de uma das variedades comerciais de manga mais importantes depois da Alphonso, devido ao seu teor de polpa mais elevado.

O   O puré de manga Totapuri é preferido principalmente pelos fabricantes de bebidas à base de manga. As mangas são deixadas durante 4 dias debaixo da erva seca para amadurecerem, o que é um passo necessário para obter o sabor.

Fig 3.2: Matéria-prima

3.4.2 Corte longitudinal:

As mangas são levadas em tabuleiros para a zona de corte, onde são cortadas com facas para facilitar o seu descasque quando são despolpadas.

3.4.3 Lavagem:

Passar as mangas cortadas por uma zona de bomba de água quente para remover impurezas, sujidade e qualquer resto de matéria. Esta etapa é essencial para obter uma pasta de qualidade.

3.4.4 Deshtoner:

 Este processo é efectuado para separar a matéria da semente e da polpa. Certificar-se de que a polpa

está isento de sementes e fibras.

Fig 3.3: Deshtoner

3.4.5 Polpa:

Misture ou processe a polpa de manga até obter uma consistência suave. Este passo é crucial para obter uma textura homogénea na geleia.

Fig 3.4: Pulper

3.4.6 Mistura com açúcar:

A polpa obtida é transferida para um recipiente de cozedura em lume médio para armazenamento de a geleia dura mais tempo sem se estragar. Por cada 100 kg de polpa, adiciona-se 30 % de açúcar e mistura-se bem para obter a doçura da geleia, que é uma quantidade preferida desde há muito tempo.

Fig 3.5: Mistura de polpa com açúcar

3.4.7 Espalhamento e secagem:

Esta pasta misturada é transportada para a área de espalhamento onde é dispersa numa camada fina sobre as esteiras sob a forma de camadas, uma após a outra, e mantida em ambiente aberto para secar à luz do sol. À noite, o tapete é coberto com um lençol preto limpo para evitar o pó. No dia seguinte, repetem-se os passos acima referidos, espalhando-se outra camada sobre a anterior. Todo o procedimento é seguido durante quatro semanas (25-27) contínuas em área aberta ou sob a área de secagem solar até atingir a espessura desejada (geralmente 3 polegadas).

Fig 3.6: Secagem à luz do sol

Fig 3.7: Secagem solar de poliéster

3.4.8 Embalagem:

São cortados em pedaços e colocados no oleado para facilitar o acondicionamento sem aderindo às outras peças. Estas camadas são cortadas de modo a que cada peça pese 1 kg e são embaladas para venda. Este produto pode ser armazenado durante cerca de 6 meses. São efectuadas inspecções para evitar que os alimentos mal manuseados e contaminados sejam distribuídos aos clientes.

Fig 3.8: Embalagem

CAPÍTULO 4
METODOLOGIA

4.1 Introdução

Neste capítulo, é discutida a forma como utilizamos o método com a ajuda das técnicas acima referidas para obter os objectivos.

4.2 Procedimento experimental

A hipótese de investigação deste estudo sugere que a eficiência e o sucesso organizacional são significativamente melhorados pela implementação cuidadosa do mapeamento do fluxo de valor e pela alteração da disposição como componentes integrais da produção optimizada. As empresas que utilizam estrategicamente o VSM, os avanços tecnológicos e as modificações de layout podem esperar ganhos notáveis na capacidade de resposta ao mercado, na produtividade e na utilização de recursos. O processo começa com a criação de uma representação visual de todo o fluxo de valor através de símbolos predefinidos. Esta representação facilita a identificação das muitas fases e dados envolvidos no processo de produção.

Neste projeto, os dados primários e secundários são combinados. Os dados primários incluem informações exclusivas da organização, ou seja, dados recolhidos através de entrevistas ao diretor da fábrica e aos operadores para identificar áreas onde a produtividade da fábrica pode ser aumentada.

Os dados secundários foram recolhidos em artigos de estudo, na Internet e em publicações.

4.2.1. Disposição atual

O estudo de caso foi realizado numa pequena empresa do sector alimentar que produz geleia de manga. A figura abaixo mostra os resultados de uma análise do plano da empresa, que revelou os seguintes problemas:

- A empresa não tinha um layout adequado, o que resultava em pilhas de inventário em toda a área de produção.

- Os departamentos na planta não estão na ordem dos processos operacionais, o que resultou no aumento de actividades não valorizadas.

*   A área total do layout não foi corretamente utilizada com os departamentos de processamento.

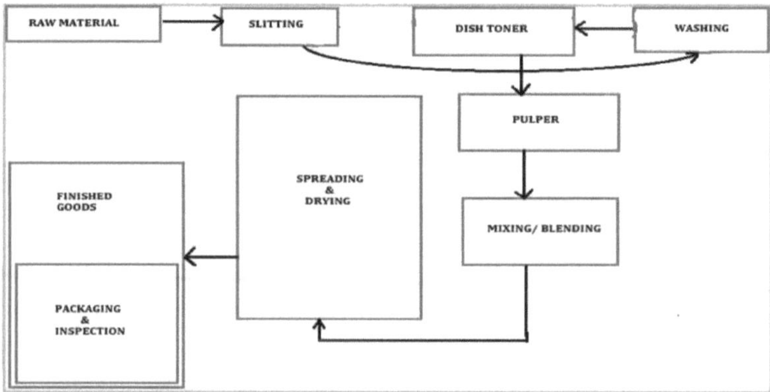

Fig. 4.1: Disposição atual

<u>LAVAGEM</u>: Este processo requer três pessoas. Dois trabalhadores estavam encarregados da lavagem e um estava encarregado de transportar as mangas cortadas da zona de lavagem. Devido à localização remota da instalação de lavagem, o desperdício de transporte aumenta quando um trabalhador transporta um tabuleiro de mangas cortadas do processo de corte para a zona de lavagem. Esta técnica consome muito tempo e esgota a energia do trabalhador.

<u>TONIFICAÇÃO</u>: Depois de retiradas as impurezas no processo de lavagem, as mangas eram colocadas na máquina de tonificar para retirar as sementes. O trabalhador estava sujeito a um grande desconforto e fadiga devido ao aumento do transporte e da movimentação de resíduos. Devido à lentidão da máquina, o stock acumulou-se na fila de espera.

<u>DISPERSÃO DO MATERIAL</u>: Dez trabalhadores trabalharam sob a supervisão de um supervisor enquanto espalhavam o material misturado nos tapetes. Dois trabalhadores transportaram o material para os outros oito, e estes foram responsáveis pela dispersão do material nos tapetes. Uma vez que os tapetes eram maiores, foram necessários mais trabalhadores para completar esta atividade.

<u>SECAGEM:</u> Este procedimento, que demora a maior parte do tempo, ocorre naturalmente sob o sol escaldante para secar o material disperso.

4.2.2. Mapeamento do Fluxo de Valor

O elemento essencial do Lean é o mapeamento do fluxo de valor, e o primeiro passo para
A implementação da gestão lean numa unidade de produção é o mapeamento do estado atual
do estudo, que fornece uma análise abrangente dos fluxos de informação e de materiais nesta
empresa de produtos alimentares funcionais. Esta abordagem estratégica ajuda a identificar as
ineficiências operacionais e as áreas a melhorar. A otimização do layout tem sido um dos
principais focos, com o objetivo de melhorar a organização espacial das actividades para obter
a máxima eficiência. Após as melhorias, o mapeamento do fluxo de valor futuro antecipa as
mudanças e os avanços que podem melhorar a eficiência, assegurando um processo continuo
de otimização.

4.2.3 Estado atual do VSM

O Mapeamento do Fluxo de Valor foi introduzido no layout atual utilizando o valor padrão
ícones de mapeamento do fluxo, e os dados foram recolhidos utilizando um temporizador. Os
dados foram recolhidos e comunicados de acordo com a produção diária. A informação foi
recolhida ao longo de 60 dias.

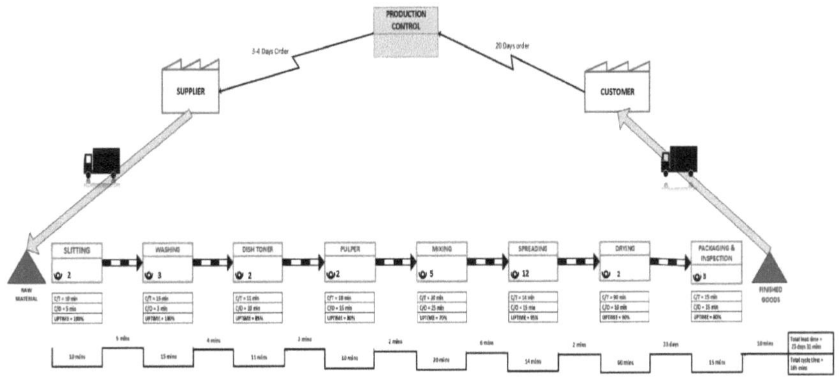

Fig 4.2 : Mapeamento do fluxo de valor atual

Após um exame e análise dos processos e do tempo necessário para cada um, foram
determinados os seguintes tipos. "DOWNTIME" serve de acrónimo para recordar as oito
formas distintas de actividades sem valor acrescentado. Este acrónimo significa: defeitos,

excesso de produção, espera, talento não utilizado, transporte, excesso de inventário, excesso de movimento, excesso de processamento.

O turno diário dos trabalhadores começa às 9:00 e termina às 17:00, num total de oito horas.

Tendo em conta 45 minutos para o almoço e 15 minutos para o lanche.

Tempo disponível = 480-45-15 = 420 minutos, correspondente a um turno de 7 horas. O quadro seguinte apresenta os cálculos para os respectivos movimentos.

TRABALHO	MOVIMENTO	TEMPO GASTO E EXPLICAÇÃO
I.	Corte longitudinal	10 minutos = 44 Kgs 30 minutos = 132 Kgs 1 hora = 44 * 6 = 264 Kgs 7 horas = 264 * 7 = 1848 Kgs = 1,8 toneladas
II.	Toner para loiça	A pele e a semente da manga foram removidas, resultando numa redução de 40% da matéria-prima. 1 dia = 0,60 * 1848 = 1108,8 Kgs
III.	Dispersão	Para dispersar o material, foram utilizadas 398 esteiras. Durante 1 dia, foram dispersas 5 camadas. 23 dias = 23 * 5 = 115 camadas
IV.	Secagem ao sol	1 camada = 1 hora e 25 minutos. Foram adquiridos 64 kg/tapete
V.	Embalagem e controlo	23 dias = 1108,8 * 23 = 25.502,4 Kgs = 25 toneladas

Apesar de terem produzido 25 toneladas em 23 dias, não conseguiram satisfazer a procura dos clientes dentro do prazo prazo especificado. Com a ajuda da eliminação de desperdícios e da otimização da disposição, a procura pode ser atingida.

4.2.4 Otimização da disposição

A figura abaixo mostra as melhorias de layout que foram feitas no estado atual A empresa pode aumentar a sua capacidade de produção, incluindo o departamento de corte na área de matérias-primas e deslocando a área de lavagem para junto do armazém de matérias-primas. O número de tapetes é adequadamente reorganizado e acrescentado, utilizando a área restante da empresa. Os trabalhadores responsáveis pela entrega das mangas são reafectados a outras funções na empresa. Dois trabalhadores da área de matérias-primas foram transferidos para os departamentos de lavagem e corte e dois trabalhadores da área de mistura foram direcionados para a área de espalhamento. No final, recorrendo a uma tecnologia revolucionária como a poli-secagem solar, que produz mais calor do que a secagem natural ao sol, foi utilizada para secar o material disperso.

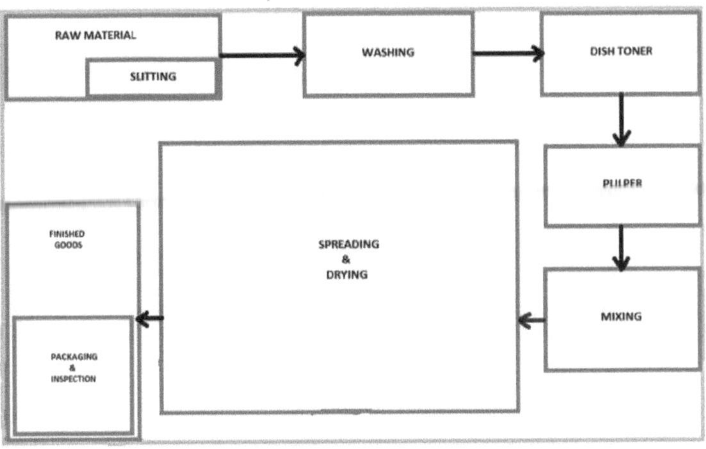

Fig. 4.3: Layout proposto

4.2.5 Estado futuro do VSM

Para aumentar a eficiência do processo, foi criado um mapa do estado futuro utilizando ícones VSM padrão e o layout futuro, como ilustrado na figura abaixo. Através da aplicação de várias estratégias VSM, tais como Supermercado, FIFO, Kaizen e Physical pull, foi produzido um mapa do estado futuro com procedimentos mais eficientes, espaço optimizado e utilização de mão de obra, utilizando o software Microsoft Visio. Depois de eliminar a maior parte das actividades sem valor acrescentado, a maior parte dos trabalhadores que estavam envolvidos no transporte das matérias-primas estão agora livres. Assim, os dois trabalhadores responsáveis pelo controlo da maturação das mangas foram transferidos para os departamentos de corte e lavagem. Dois trabalhadores da secção de mistura foram transferidos para o departamento de dispersão devido ao aumento do número de tapetes.

Estratégias VSM, como supermercado, foram instaladas entre a matéria-prima e o secção de corte, para que as mangas maduras sejam facilmente visíveis e para que os trabalhadores possam iniciar rapidamente a operação sem necessidade de procurar. A retirada física foi implementada antes da secção de corte, porque o trabalhador só pode retirar a matéria-prima quando esta é necessária para o processo de operação, o que reduz a acumulação de inventário na área de produção. O FIFO foi implementado após cada processo.

Figura 4.4: Implementação do Super mercado

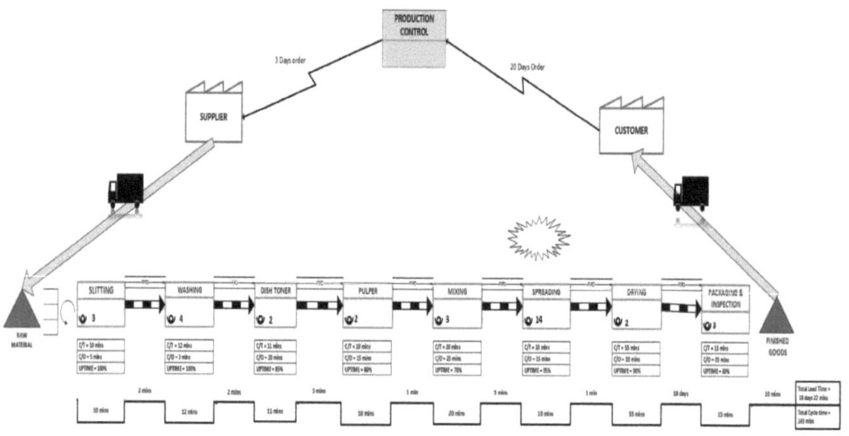

Fig 4.5: Mapeamento do fluxo de valor futuro

Após a dedução das pausas, o tempo líquido disponível é de 480-45-15 = 420 minutos, ou seja, 7 horas. O quadro seguinte apresenta os cálculos para o mapa do estado futuro após a eliminação dos desperdícios e a aplicação dos conceitos lean.

TRABALHO	MOVIMENTO	TEMPO GASTO E EXPLICAÇÃO
I.	Corte longitudinal	10 minutos = 66 Kgs 30 minutos = 198 Kgs 1 hora = 66 * 6 = 396 Kgs 7 horas = 396 * 7 = 2772 Kgs = 2,8 toneladas
II.	Toner para loiça	A pele e a semente da manga foram removidas, resultando numa redução de 40% da matéria-prima. 1 dia = 0,60 * 2772 = 1663,2 Kgs
III.	Dispersão	As esteiras foram aumentadas para 415 à medida que a produção diária aumentava. Durante 1 dia, foram dispersas 7 camadas. 18 dias = 18 * 7 = 126 camadas
IV.	Secagem solar	A secagem solar provou ser um benefício substancial, produzindo 15-20 % mais calor do que a secagem natural. É necessária 1 hora para secar 1 camada.
V.	Embalagem e controlo	18 dias = 18 * 1663,2 = 29.937,6 Kgs = 30 toneladas

Fig 4.6: Secagem solar

Foi utilizada a poli-secagem solar:

- para substituir o modo de secagem aberto.
- Os agricultores receberão secadores solares a preços subsidiados para melhorar a higiene e a qualidade dos produtos e para lhes conferir valor acrescentado.

Estes secadores solares são também utilizados para actividades polivalentes, como a secagem de cocos para obtenção de copra, da qual será extraído óleo, a secagem de fatias de fruta, como fatias de manga para fazer pickles de manga, legumes desidratados e outros fins. Isto proporciona um valor acrescentado ao produto e permite obter bons preços para os agricultores".

CAPÍTULO 5
RESULTADOS E CONCLUSÕES

5.1 Resultados

Consequentemente, na condição futura descrita pelo mapa, a empresa ajudou a eliminar o desperdício e a satisfazer a procura do cliente, fazendo ajustamentos ao layout. Além disso, a utilização de tecnologias inovadoras, como a poli-secagem solar, reduziu significativamente o tempo de secagem cm comparação com a secagem ao ar livre, sendo mais qualitativa e mais higiénica do que a secagem ao ar livre.

Os resultados comparativos do antes e do depois da aplicação da otimização da disposição e do fabrico racional são apresentados no quadro seguinte:

S.N.	Movimento	Antes da implementação	Após a implementação
1.	Corte longitudinal	10 minutos = 44 Kgs 7 horas = 1848 Kgs = 1,8 toneladas	10 minutos = 66 Kgs 7 horas= 2772 Kgs = 2,8 toneladas
2.	Toner para loiça	1 dia=0,60*1848 = 1108,8 Kgs	1 dia = 0,60 * 2772 = 1663,2 Kgs
3.	Dispersão	1dia=5 camadas foram dispersas	1 dia = 7 camadas foram dispersas
4.	Secagem	1 camada = 1 hora e 25 minutos. (sol aberto)	1 camada = 1 hora (secagem solar)
5.	Embalagem e controlo	23 dias = 1108,8 * 23 = 25.502,4 Kgs = 25 toneladas	18 dias = 18*1663,2 = 29.937,6 Kgs = 30 toneladas

Os resultados do projeto indicam que, através da otimização da disposição e da aplicação do método de produção optimizada, o desperdício de tempo do processo foi drasticamente reduzido. Graças à instalação de secagem solar, o tempo de execução do processo diminuiu, o que reduziu diretamente o prazo de entrega e o produto foi entregue ao cliente antes do prazo estipulado (20 dias).

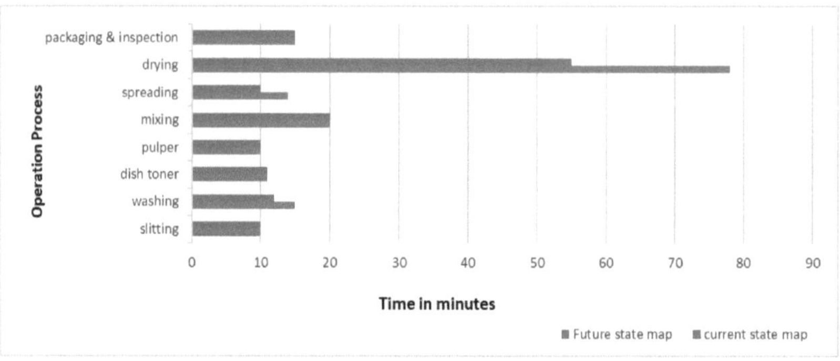

Fig 5.1: Processo VS Tempo (mins)

A figura acima mostra claramente a variação na secagem, espalhamento, lavagem e corte processos antes e depois da aplicação do lean manufacturing, após a redução das actividades sem valor acrescentado (desperdícios) e a reorganização dos trabalhadores nos respectivos departamentos.

5.2 Conclusões

A aplicação bem sucedida do esquema proposto permite tirar as seguintes conclusões,

•	O mapeamento do fluxo de valor demonstrou ser um primeiro passo eficaz na implementação do sistema Lean. Proporcionou vantagens como a redução dos prazos de entrega e dos prazos de execução e a diminuição dos stocks.

•	Este estudo concluiu que as alterações da disposição das instalações e o ajustamento do mapa de fluxo melhoraram a eficiência global.

•	Após as modificações do layout, o excesso de movimento e o desperdício de transporte foram drasticamente reduzidos em 10 minutos por dia.

•	A utilização de tecnologias de ponta, como a poli-secagem solar, ajudou a empresa a manter-se financeiramente estável e a poupar dinheiro em combustível e eletricidade. O tempo de ciclo do processo de secagem foi reduzido em 24 minutos, o que diminuiu diretamente o tempo de entrega em 9 dias.

•	Finalmente, minimizando as perdas e os desperdícios, a empresa cumpriu a exigência do cliente de 30 toneladas antes do prazo estipulado.

CAPÍTULO 6
REFERÊNCIAS

1. Tiwari. A., Manoria. A., Verma. P.L., Jain. S. Jan 2017. Analisar o efeito da produção enxuta utilizando a simulação baseada no mapeamento do fluxo de valor. Um estudo de caso numa unidade de processamento de vidro. IRJET, Volume:04, edição: 01. Números de páginas: 05.

2. Sweety, Ritika S, Neetu R. maio de 2016. Lean manufacturing como conceito de balanceamento de linha. IJESMR, ISSN 2349-6193. DOI: 10.5281/zenodo.51572.

3. Prakash K.Jadhav, M. R. Nagare, Srikant K. junho de 2018. Implementação do princípio da manufatura enxuta no processo de fabricação - um estudo de caso. IRJET, Volume: 05 Edição: 06. Números de páginas: 05.

4. Ramachandran.A, R. Kesavan2. 2014 UMA APLICAÇÃO DO LEAN MANUFACTURING
PRINCÍPIO NA INDÚSTRIA AUTOMÓVEL. IOSR Journal of Mechanical and Civil Engineering (IOSR-JMCE) e- ISSN: 2278-1684, p-ISSN: 2320-334X. Número de páginas: 05.

5. Aniket G, Debadri Pal, Pushkar J. agosto de 2020. Implementação da Gestão Lean na Empresa utilizando o Mapeamento do Fluxo de Valor como Ferramenta. IRJET, Volume: 07 Edição: 08. Números de páginas: 11.

6. Shashi Kumar R, D. K. Shinde. julho de 2018. Implementação da Técnica Lean Manufacturing no Planeamento do Processo de Fabrico - Um Estudo de Caso. IRJET, Volume: 05 Edição: 07, Números de páginas: 07.

7. Prakash Salunkhe, Narendra N. março de 2019. Um artigo de revisão sobre o Mapeamento do Fluxo de Valor na Aplicação Industrial. ISSN: 2455-2631, IJSDR | Volume 4, Edição 3, Números de páginas: 03.

8. Rahul. R.Joshi, Naik G.R. julho de 2012. Melhoria do processo usando o mapeamento do fluxo de valor: - Um estudo de caso na indústria de pequena escala. Jornal Internacional de Investigação em Engenharia e Tecnologia (IJERT) Vol. 1 Issue 5, ISSN: 2278-0181. Número de páginas : 10.

9. Deepak S, Khatri A, Mathur Y B. dezembro de 2016. APLICAÇÃO DO MAPEAMENTO DO FLUXO DE VALOR NA FABRICAÇÃO DE BHUJIA. Revista

Internacional de Engenharia Mecânica e Tecnologia (IJMET) Volume 7, Edição 6, Números de Páginas: 06.

10.   Ramesh Babu R, Jayachitra R, Abhinath M, Ago 2016, Implementação de lean no processo de fabrico de componentes automóveis. IRJET. Volume:03, Edição: 08. Números de páginas: 12.

11.   Dadashnejad, A.-A. e Valmohammadi, C. (2018), "Investigating the effect of value stream mapping on operational losses: a case study", Journal of Engineering, Design and Technology,

Vol. 16 No. 3, pp. 478-500. https://doi.org/10.1108/JEDT-11-2017-0123

12.   P. F. Andrade, V. G. Pereira (2016), "Mapeamento do fluxo de valor e simulação lean: um estudo de caso em empresa do sector automóvel" https://link.springer.com/article/10.1007/s00170-015-7972-7

13.   Dinesh Seth, Nitin Seth &Pratik Dhariwal (2017), "Application of value stream mapping (VSM) for lean and cycle time reduction in complex production environments: a case study". https://doi.org/10.1080/09537287.2017.1300352

14.   Satish Tyagi a, Alok Choudhary b, Xianming Cai c, Kai Yang , Value stream mapping to reduce lead-time of a product development process. https://doi.org/10.1016/j.ijpe.2014.11.002

15.   A.R. Rahani, Muhammad al-Ashraf: Análise do fluxo de produção através do mapeamento do fluxo de valor:

Um estudo de caso do processo de fabrico Lean. https://doi.org/10.1016/j.proeng.2012.07.375

yes
I want morebooks!

Buy your books fast and straightforward online - at one of world's fastest growing online book stores! Environmentally sound due to Print-on-Demand technologies.

Buy your books online at
www.morebooks.shop

Kaufen Sie Ihre Bücher schnell und unkompliziert online – auf einer der am schnellsten wachsenden Buchhandelsplattformen weltweit! Dank Print-On-Demand umwelt- und ressourcenschonend produziert.

Bücher schneller online kaufen
www.morebooks.shop

info@omniscriptum.com
www.omniscriptum.com

Printed by Books on Demand GmbH, Norderstedt / Germany